水肥一体化技术图解系列丛书

荔枝 龙眼

水肥一体化技术图解

邓兰生　张承林　编著

中国农业出版社

北　京

中得到广泛的应用，具有显著的省工、省肥、省水、高效、高产、环保等优点。自2001年开始，作者团队在广东、广西、海南等地开展了荔枝、龙眼的水肥一体化技术推广和示范工作，取得了明显的效果。如深圳西丽果场的荔枝滴灌施肥项目，已经实施17年，至今运转良好，对荔枝的丰产稳产栽培起到了重要作用。在技术的推广和示范过程中，作者团队培训了一批农户、农场主，他们在掌握了一定的技术之后，就开始自发地应用水肥一体化技术。但在应用过程中，由于缺乏对水肥一体化技术基本原理的理解，大部分的荔枝、龙眼种植者没有完全掌握技术细节，在使用过程中出现了很多问题，导致水肥一体化技术的使用结果并不令人满意。广大种植户渴望有一本图文并茂、通俗易懂、可指导操作的读物来帮助他们解答困惑、提供指导。本书是作者多年研发推广荔枝、龙眼水肥一体化技术的理论和实践经验的总结。由于受篇幅所限，只能概括性地介绍有关理论、设备、肥料和技术。由于各地的气候、土壤、品种、上市时间存在差异，用户在阅读本书后进行实际操作时一定要结合当地实际情况做相应调整。特别是具体的施肥方案，由于各地土壤、肥料品种存在差异，本书难以给

　　荔枝、龙眼是我国著名的热带亚热带特产水果。目前我国荔枝种植面积超过800万亩*，龙眼种植面积超过600万亩，主要分布于广东、广西、福建、海南、云南等省（自治区）。我国的荔枝、龙眼园绝大部分建在丘陵山地上，坡高路窄。荔枝、龙眼的生命周期和年生长周期都较长，灌溉和施肥成为主要的管理工作。特别是荔枝、龙眼成龄后，山地果园的灌溉、施肥和喷药都非常困难，耗费大量人工。很多果园缺乏基本的灌溉设施，处于"赖地生树，靠天结果"的传统管理状态。管理粗放导致品质差、产量低、效益差。作者调查发现，水肥管理成为影响很多荔枝、龙眼园产量和品质的关键因素。水肥一体化技术是近些年兴起的高效水肥管理技术，在发达国家的荔枝、龙眼园

---

　　*　亩为非法定计量单位，1亩=1/15公顷，下同。——编者注

出具体的实际应用方案。如果读者要了解详细的水肥一体化技术的理论和技术，请阅读张承林、邓兰生编著的《水肥一体化技术》一书。荔枝、龙眼同属无患子科，在生长习性上有很多相似之处，技术本身是通用的，所以将荔枝、龙眼放在一起进行编写。

本书由邓兰生、张承林负责编写，书中插图由林秀娟绘制，在编写过程中得到华南农业大学作物营养与施肥研究室涂攀峰、赖忠明、胡克纬、严程明、徐焕斌、萧文耀等同事的大力帮助，在此表示衷心感谢。

目 录
CONTENTS

水肥一体化技术的基本原理

　　荔枝、龙眼要正常生长需要五个基本要素：光照、温度、空气、水分和养分。空气指大气中的二氧化碳和土壤中的氧气。在田间条件下，光照、温度、空气是难以人为控制的，只有水、肥两个生长要素是可以人为控制的，这就是合理的灌溉和施肥。

大量元素：氮、磷、钾。
中量元素：钙、镁、硫。
微量元素：铁、硼、铜、锰、
　　　　　钼、锌、氯、镍。
有益元素：硅、钠、钴、硒。

荔枝、龙眼有两张嘴，大嘴叫根系，小嘴叫叶片。当然啰，主要的吃喝还是靠大嘴巴来完成的。叶片喷的肥只能是补充。

根系主要吸收离子态养分，肥料只有溶解于水后才变成离子态养分。所以水分是决定根系能否吸收到养分的决定性因素。没有水的参与，根系就吸收不到养分。肥料必须要溶解于水后根系才能吸收，不溶解的肥料是无效的。肥料一定要施到根系所在范围，常规的撒施肥料大部分养分没有被吸收，白白浪费。特别是磷，移动性差，绝大部分停留于土壤表面。

撒干肥不配合灌溉，没有水分根系没法吸收肥料

肥料

水肥一体化技术满足了"肥料要溶解后根系才能吸收"的基本要求。

在实际操作时,将肥料溶解在灌溉水中,由灌溉管道输送到田间的每一株作物,作物在吸收水分的同时吸收养分,即灌溉和施肥同步进行。

水肥一体化有广义和狭义的理解。广义的水肥一体化就是灌溉与施肥同步进行(肥料兑水施用)。狭义的水肥一体化就是通过灌溉管道施肥(如滴灌施肥)。

根在哪里,水肥就供应到哪里
(以柑橘根系为例)

荔枝、龙眼的主要灌溉形式

目前，生产上荔枝、龙眼主要有哪些灌溉方法呢？

可多啦。有滴灌、微喷灌、浇灌、拖管淋灌等。下面详细给你介绍吧。

滴灌

滴灌是指具有一定压力的灌溉水，通过滴灌管输送到田间每株荔枝或龙眼，管中的水流通过滴头出来后变成水滴，连续不断的水滴对根区土壤进行灌溉。如果灌溉水中加了肥料，则滴灌的同时也在施肥。

荔枝滴灌

注意啦：滴灌是一种局部灌溉方法，它浇的是作物，而不是土壤。施肥是对根区施肥，而不是对土壤施肥。由于根系都是跟着水肥跑的，所以滴灌条件下根系大部分密集生长在滴头下方。其他地方根很少。记住啊，要关注的是根系的数量而不是根系的分布范围。滴灌是通过延长灌溉时间达到计划灌溉量的。用滴灌可以完全满足荔枝、龙眼的水肥供应。

滴灌的优点

1. 节水：水分利用效率高，滴灌用水量只有喷水带灌溉用水量的1/4～1/3。
2. 节工：可以节省80%以上用于灌溉和施肥的人工，大幅度降低劳动强度。
3. 节肥：肥料利用率高，比常规施肥节省30%～60%的肥料。
4. 高效快速，可以在极短的时间内完成灌溉和施肥工作，让荔枝、龙眼长势整齐，抽梢、开花、果实成熟时间一致。
5. 对地形的适应强，易于进行自动化控制。有了滴灌，山地种荔枝、龙眼照样丰产。
6. 有利于实现标准化、集约化栽培。
7. 滴灌施肥可以适当调控抽梢和开花时间，调控梢的老熟时间。

　　滴灌施肥是荔枝、龙眼最佳的灌溉和施肥模式，特别是山地果园更是首选。压力补偿滴灌可以解决山地果园高差带来的出水不均匀问题，使用寿命10年以上。在一些荔枝、龙眼园已得到成功应用。

荔枝、龙眼是多年生果树，如选用滴灌时，一般选择质量好、管壁厚、寿命长的滴灌管（壁厚0.8毫米以上）。质量好的滴灌管可以使用20多年。平地可选用普通滴灌，山地要选用压力补偿式滴灌。滴头有内置式和外置式。内置滴头是工厂生产时安装到滴灌管内部的滴头，适合种植规格一致的果园。外置滴头是人工安装在管壁上的滴头，适合种植规格不一致的果园，尤其是山地果园。如果是定植时使用滴灌，一般沿种植行铺设一条滴灌管，滴头间距40～70厘米，流量1～3升/小时。一般一株成龄树安排4～6个滴头（与树冠大小有关）。如安装4个滴头，滴头流量为2.0升/小时，则每小时每株树可以供水8千克，如灌溉4小时，则每株树得到32千克水。

外置滴头　　　　　　内镶贴片式滴头　　　　　　　　　内镶柱状滴头

　　通常壁厚小于6毫米的滴灌管道称为滴灌带，大于6毫米的称为滴灌管。滴灌有普通滴灌和压力补偿滴灌之分。普通滴灌管（带）的流量随压力变化而变化，一般用于平地压力变化小的荔枝、龙眼园。压力补偿滴灌指一定的压力范围内滴头流量是稳定的。山地果园由于高差的原因，不同位置压力变化大，必须要选择压力补偿滴灌，可以保证不同位置灌溉和施肥均匀。当然啰，压力补偿滴灌价格比普通滴灌高。通常一行果树铺设一条滴灌管，壤土至黏土滴头间距50～70厘米，流量1～2升/小时。一些果园选用两条滴灌管，种植行左右各铺设一条管。滴灌管一旦铺设好，原则上不能移动。为防止杂草生长、春季保温和降低夏季果园的湿度，膜下滴灌也在推广。在山地不规则种植的情况下，可以安装外置滴头，定植时每株两个滴头，第二年树两旁再增加两个，第三年再增加两个，最后每树有六个滴头。

对成龄树，可绕树布置滴灌管　　　　　　　　　　荔枝滴灌施肥

滴灌的不足

1. 如果管理不好，滴头容易堵塞。出现堵塞的问题通常是管理不规范造成的，如过滤器不符合要求、施肥后不洗管等。
2. 一次性的设备投资较大。滴灌系统包含管道、过滤器、加压泵、电源、控制设备等，每亩投资在1 000元左右。
3. 滴灌一般在固定面积的轮灌区进行操作，对于不规整的地块则安装不便。
4. 要求施用的肥料杂质少，溶解快。

特别提醒

　　过滤器是滴灌成败的关键设备。一般用120目叠片过滤器。对面积大的果园，推荐用自动反冲洗过滤器。对于山地荔枝、龙眼园，一定要采用压力补偿滴灌，这样可以保证山顶、山腰、山脚出水均匀，以满足每株荔枝、龙眼对水肥的需求。

　　南方有大面积的山地荔枝和龙眼园，人工灌溉和施肥非常困难，安装压力补偿式滴灌是最佳的解决方案。可采用自压重力滴灌系统，设计简单，不用设置轮灌区。在山顶建蓄水池，纵向布置输水管，横向铺设滴灌管。采用压力补偿滴头，在主输水管上20～30米处安装球阀调节水压。

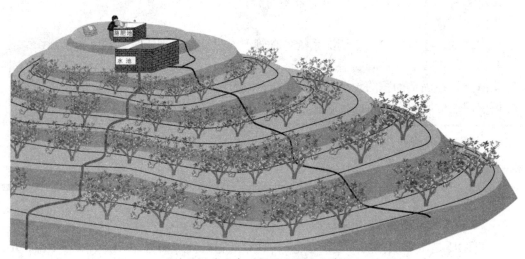

山地果园重力自压式压力补偿滴灌系统

平地的荔枝园可以采用非压力补偿式滴灌（普通滴灌），降低设备成本。

龙眼滴灌施肥

荔枝滴灌施肥

　　滴灌是荔枝、龙眼的最佳灌溉模式，养分和水分利用效率最高，还可以调节产期，好处很多。特别是可以大规模节省人工，一般千亩面积的果园一个人可以很轻松完成施肥和灌溉任务。荔枝、龙眼滴灌施肥管理的典范是深圳西丽果场，在面积近千亩的集约化栽培模式下，系统正常运行了17年。

滴灌施肥就像母亲给婴儿喂奶。水分养分同时供应，少量多餐，养分平衡。以前给荔枝、龙眼施肥是多量少次，果树就像乞丐一样，饱一顿，饿一顿。很多追肥还撒在地面，没有进入土壤根系层，浪费很多。现在有了滴灌，施肥灌溉都可以调控，可以根据荔枝、龙眼的需水需肥规律制定标准的施肥和灌溉方案。

记住啊，荔枝、龙眼就像个婴儿，需要悉心照料。每次喂它，要记得水肥一起喂啊。撒干肥是落后的施肥方法，存在流失、烧根、养分利用效率低一系列问题。喂养婴儿是实行少量多餐的，所以对荔枝、龙眼也应少量多餐。荔枝、龙眼的根系在适宜温度下是一直在吸收养分和水分的，多次施肥和灌溉才能满足其对水肥的需要。滴灌就能做到这点。

微喷灌

通常微喷头的流量在50～150升/小时，喷洒半径2～3米。一般只用于成龄果园，每株树安装两个，对于密植果园，两株树之间安装一个。微喷灌只适合平地果园。

澳大利亚成龄荔枝园采用微喷灌

微喷灌（微喷头种类）

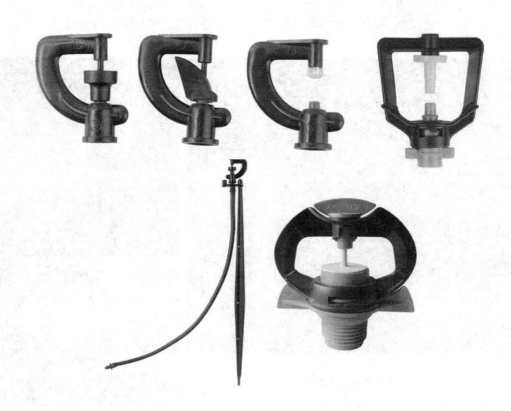

微喷灌的优点

1. 灵活性大，使用方便。
2. 出水量大，能快速满足荔枝生长的需水量。
3. 可调节果园小气候，增加近地面空气湿度。
4. 容易实现自动化，节约劳力。

微喷灌的不足

1. 在荔枝、龙眼苗期，很容易滋生杂草，同时存在水肥浪费问题。
2. 在高温季节，容易形成高湿环境，加速病害的发生和传播。
3. 田间微喷灌易受杂草、间作作物茎秆的阻挡而影响喷洒质量。
4. 灌水均匀度受风影响较大。
5. 微喷灌只适合在平地果园应用，山地会出现灌水不均匀及地表径流。
6. 利用微喷灌施肥，导致荔枝、龙眼浅根增多。

喷水带灌溉

喷水带灌溉也称水带灌溉或微喷带灌溉，是在PE软管上直接开0.5～1.0毫米的微孔出水，无需再单独安装出水器，在一定压力下，灌溉水从孔口喷出，高度几十厘米至1米。在生产中，喷水带灌溉是一种非常方便的灌溉方式。应尽量选择小流量喷水带，喷水孔朝上安装，铺设长度不超过50米。喷水带一定要与覆膜一起使用。膜下水带其实就相当于大流量的滴灌。不覆膜的喷水带可能会带来严重的草害、病害。喷水带灌溉只在平地果园应用。

膜下喷水带灌溉是荔枝可以选择的灌溉方法

喷水带灌溉的优点

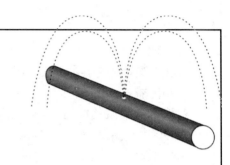

1. 适应范围广。

2. 能滴能喷（覆膜后就成为大流量的滴灌）。

3. 抗堵塞性能好（对水质和肥料的要求低）。

4. 一次性设备投资相对较少。

5. 安装简单，使用方便（用户可以自己安装），维护费用低。

6. 对质地较轻的土壤（如沙壤土）可以少量多次快速补水肥（结合覆膜效果好）。

7. 不受灌溉面积限制，完全根据水压确定每次的灌溉面积，灵活方便。

喷水带灌溉的不足

1. 在高温季节，容易形成高湿环境，加速病害的发生和传播。
2. 喷水带灌溉的均匀性受铺设长度和地形的影响明显，容易导致灌水不均匀。一般只在平地果园应用。
3. 喷水带的管壁比较薄，容易受水压、机械和生物咬噬等影响导致破损。
4. 喷水带一般不设轮灌区，需逐条开关，增加了操作成本。
5. 不宜在幼龄果树上应用。

在荔枝、龙眼上应用喷水带灌溉，一定要结合覆膜。如果这样做了，可以将滴灌和覆膜的优势同时发挥。如果单独用，喷水带灌溉就是落后的灌溉方法。

拖管淋灌（浇灌）

　　一般借助水泵对灌溉水加压，进行拖管淋灌。浇灌方式工作效率低，灌溉量和施肥量的多少完全取决于操作者的人为判断，灌溉和施肥的均匀度无保障，无法实现自动化，只适用于小面积种植。对于平地种植的荔枝、龙眼，可在果园中间位置建一个或多个肥料池，将肥料溶解在肥料池中，用清水泵或潜水泵提供动力，通过软管对果树一棵一棵地淋施水肥；对于山地种植的荔枝、龙眼，可在山顶修建肥料池，借助灌溉水重力自压，进行拖管淋灌。如果面积较大，可在园中铺设PVC管道作为主管道和支管道，在PVC管道上设置多个取水口，软管与取水口之间用快速接头连接，这样就可以通过更换不同的取水口对果树进行一片一片的灌溉和施肥，避免因软管拖得太长而降低工作效率。

荔枝果园拖管淋灌

移动式拖管淋灌

拖管淋灌的优点

1. 设备简单，使用方便。
2. 对水质的要求不高，不需要复杂过滤。
3. 可快速施用有机肥（花生麸、猪粪、鸡粪等）的沤腐液。
4. 可根据土壤类型及湿度随时调整水肥的用量。
5. 设备的使用年限较长，维修方便。
6. 一般没有管道堵塞问题，对肥料的要求不高。

拖管淋灌的不足

1. 工作效率低，耗工多。劳动非常辛苦。
2. 灌溉和施肥量完全取决于操作者的人为判断，无法保证灌溉和施肥的均匀度。
3. 无法实现自动化，只适用于小面积种植。

荔枝、龙眼水肥一体化技术下的施肥模式

通过灌溉管道施肥，有多种方法。经常用的有加压拖管淋灌法、重力自压式施肥法、泵吸肥法、泵注肥法、比例施肥器法等。下面详细介绍给大家。

灌溉管道施肥要选用合适的施肥设备，要求浓度均一、施肥速度可控、工作效率高、可以自动化。

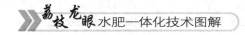

重力自压式施肥法

在应用重力自压灌溉的场合，常采用重力自压式施肥法。通常在水池旁边高于水池水面处建立一个敞口式混肥池，池大小为0.5～5.0米³，池底安装肥液流出的管道，此管道与蓄水池的出水管连接。施肥时，先打开水池开关，等管道充满水后，再打开肥池开关。施肥速度由肥池开关控制。

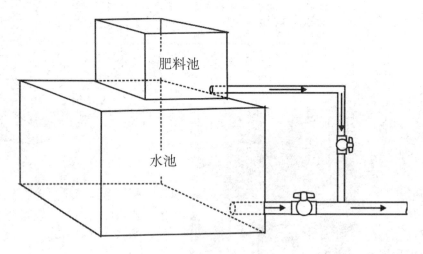

肥料池

水池

主要应用于丘陵山地的荔枝、龙眼施肥

施肥时，先计算好每个轮灌区需要的肥料总量，倒入混肥池，加水溶解。打开蓄水池的出水阀，让田间管道充满水，再打开肥池阀门，肥液即被主管道的水流稀释带入灌溉系统。施肥速度和浓度可以通过调节球阀的开关位置实现。

　　如采用滴灌，应用重力自压式灌溉施肥时，一定要将混肥池和蓄水池分开，二者不可混用，否则会生长藻类、红萍等，会严重堵塞过滤系统。如采用拖管淋灌，则水池肥池可以共用。

重力自压滴灌施肥系统示意图

重力自压施肥法的优点

1. 设备和维护成本低。
2. 操作简单方便。
3. 不需要外加动力就可以施肥。
4. 可以施用固体肥料或液体肥料。
5. 施肥浓度均匀，施肥速度可以人为控制。

重力自压施肥法的不足

1. 肥料要运送到山顶蓄水池高处。
2. 不适合应用于自动化控制系统。

泵吸肥法

泵吸肥法是在灌溉首部旁边建一混肥池或放一施肥桶，肥池或施肥桶底部安装肥液流出的管道，此管道与首部系统水泵前的主管道连接，管上安装开关，控制施肥速度，利用水泵直接将肥料溶液吸入灌溉系统。

主要应用在用水泵对地面水源（蓄水池、鱼塘、渠道、河流等）进行加压的灌溉系统施肥，这是目前大力推广的施肥模式。如应用潜水泵加压，当潜水泵位置不深的情况下，也可以将肥料管出口固定在潜水泵进水口处，实现泵吸水施肥。

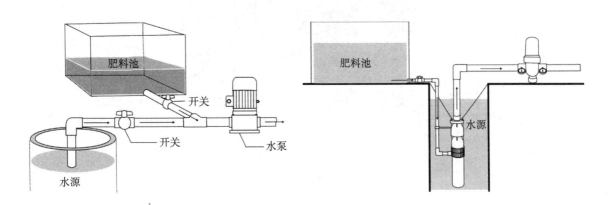

　　施肥时，先根据轮灌区面积的大小或果树株数计算施肥量，将肥料倒入混肥池。开动水泵，放水溶解肥料，同时让田间管道充满水。打开肥池出肥口的开关，肥液被吸入主管道，随即被输送到田间根部。

　　施肥速度和浓度可以通过调节肥池或施肥桶出肥口球阀的开关位置实现。

　　泵前可以连接多个施肥容器，将会产生反应的肥料分开溶解（如磷肥和镁肥），这多个容器内的肥料可以单独施用，也可以同时施用。

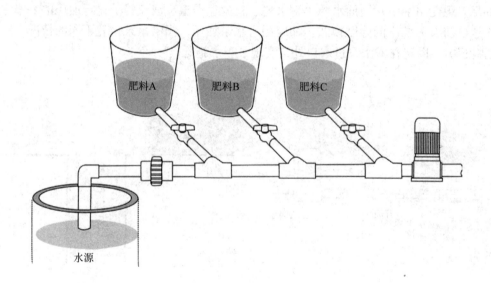

肥料A　　肥料B　　肥料C

水源

泵吸肥法的优点

1. 设备和维护成本低。
2. 操作简单方便。
3. 不需要外加动力就可以施肥。
4. 可以施用固体肥料和液体肥料。
5. 施肥浓度均匀，施肥速度可以控制。
6. 当放置多个施肥桶时，可以多种肥料同时施用（如磷酸一铵、硫酸镁、硝酸铵钙等）。

泵吸肥法的不足

1. 不适合于自动化控制系统。
2. 不适合用在潜水泵放置很深的灌溉系统。

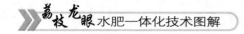
泵注肥法

泵注肥法是利用加压泵将肥料溶液注入有压管道而随灌溉水输送到田间的施肥方法。

通常注肥泵产生的压力必须要大于输水管内的水压，否则肥料注不进去。常用的注肥泵有离心泵、隔膜泵、聚丙烯汽油泵、柱塞泵（打药机配置泵）等。

对于用深井泵或潜水泵加压的系统，泵注肥法是实现灌溉施肥结合的最佳选择。

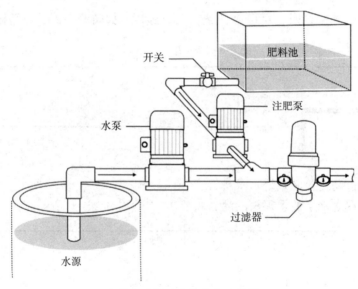

安装定时器对注肥泵自动控制

田间泵注肥法应用场景

聚丙烯汽油泵

柱塞泵（打药机）

移动式泵注肥法：管道留有注肥口，肥料桶内配置施肥泵（220伏）或肥料桶外安装汽油泵，用运输工具将肥料桶运到田间需要施肥的地方。

泵注肥法由于施肥方便，施肥效率高，容易自动化，施肥设备简单，在国内外得到大面积的应用。

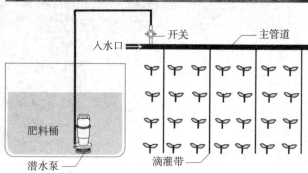

移动式泵注肥的原理图

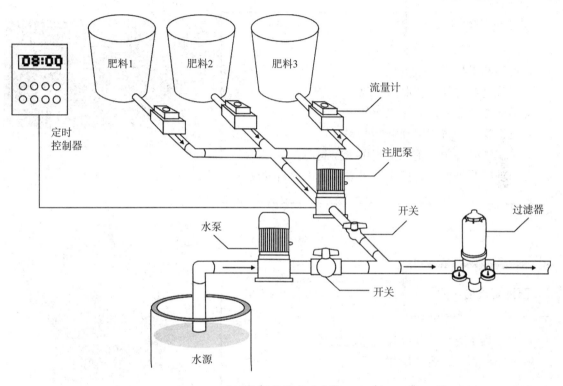

自动化泵注肥法示意图

泵注肥法的优点

1. 设备和维护成本低。
2. 操作简单方便，施肥效率高。
3. 适于在井灌区及有压水源使用。
4. 可以施用固体肥料和液体肥料。
5. 施肥浓度均匀，施肥速度可以控制。
6. 对施肥泵进行定时控制，可以实现简单自动化。

柱塞泵（打药机）

泵注肥法的不足

1. 在灌溉系统以外要单独配置施肥泵。
2. 如经常施肥，要选用化工泵。

聚丙烯汽油泵

比例施肥器法

比例施肥器是一种精确施肥设备，其施肥方法是由施肥器将肥液从敞开的肥料罐（桶）中吸入灌溉系统进行施肥。动力可以是水力、电力、内燃机等。目前常用的类型有膜式泵、柱塞泵、施肥机等。比例施肥器没有水头损失，不受水压变化的影响；按比例施肥，施肥速度和浓度均匀，施肥浓度容易控制；适合于自动化控制。由于价格昂贵，在田间少有应用。

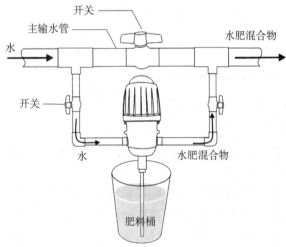

比例施肥器的优点

1. 没有水头损失，不受水压变化的影响。
2. 可以使用固体肥料和液体肥料按比例施肥，施肥速度和浓度均匀，施肥浓度容易控制。
3. 适合于自动化控制系统。

比例施肥器的不足

1. 设备昂贵。
2. 装置复杂，维护费用高。
3. 操作复杂。

对大面积果园，为了加快固体肥料的溶解，建议在肥料池内安装搅拌设备。一般搅拌桨要用304或304L不锈钢制造，减速机根据池的大小选择，一般功率为1.5～3.5千瓦，转速每分钟约60转。为方便一次溶肥、多轮灌区施用，可以在肥池壁上标刻度。按固定刻度分配到每个轮灌区。

带搅拌装置的肥料池

建议淘汰施肥罐和文丘里施肥器

施肥罐是国外20世纪80年代使用的施肥设备，现在基本淘汰。施肥罐存在很多缺陷，不建议使用。

1. 施肥罐工作时需要在主管上产生压差，导致系统压力下降。压力下降会影响滴灌或喷灌系统的灌溉施肥均匀性。

2. 通常的施肥罐体积都在几百升以内。当轮灌区面积大时施肥数量大，需要多次倒入肥料，耗费人工。

3. 施肥罐施肥肥料浓度是变化的，先高后低，无法保证均衡浓度。

4. 施肥罐施肥看不见，无法简单快速地判断施肥是否完成。

5. 在地下水直接灌溉的地区，由于水温低，肥料溶解较慢。

6. 施肥罐通常为碳钢制造，容易生锈。

7. 施肥罐的两条进水管和出肥管通常太小，无法调控施肥速度。无法实现自动化施肥。

果园也不建议用文丘里施肥器。文丘里施肥器会造成系统压力减少30%~60%，严重影响施肥的均匀性，增加系统能耗。特别是滴灌管铺设比较长时，不均匀性更突出。建议淘汰文丘里施肥器，或只在小面积果园应用。

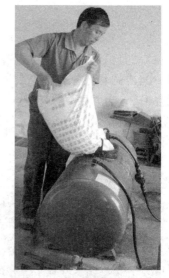

施肥罐

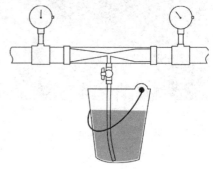

文丘里施肥器

水肥一体化技术下荔枝、龙眼施肥方案的制定

有了灌溉设施后，接下来最核心的工作就是制定施肥方案。只有制定合理可行的施肥方案，才能实现真正意义上的水肥综合管理。

制定荔枝、龙眼施肥方案必须清楚荔枝、龙眼生长周期内所需的施肥量、肥料种类、肥料的施用时期等。而这些参数的确定又和荔枝、龙眼的生长特性、水肥需求规律等密切相关。

荔枝、龙眼生长规律

荔枝生长特点

荔枝为热带亚热带常绿果树，多年生，生长发育期间要求温度高、湿度大、日照长，在花芽分化期和形成期则需要有一段时间低温和干燥，适应各种土壤条件，一般定植3年左右开始结果，5~7年后进入盛果期，寿命可达百年以上。荔枝根系由主根、侧根、须根、根毛组成，分布的深度和广度与种植的种苗有密切关系。根系生长要求土壤深厚、通气性好、有机质达1.5%以上、pH 5.5~6.0。荔枝属深根系果树，根系深度可达1米以上。大部分根系分布于20~60厘米的土层。

　　荔枝为常绿乔木，分枝多，新梢多从枝梢的顶端及其下2~3个芽抽出，一年中新梢抽生的次数，因树龄、树势、品种和外界条件而定，分春梢、夏梢、秋梢、冬梢，未结果的幼龄树一年可抽生5~7次梢，成龄树在肥水充足条件下可抽新梢3~5次，老年树一般在采果后抽1~2次新梢。开花前后、果实采收之后是壮花、促秋梢的关键时期，此时应注意肥水管理。

龙 眼 生 长 特 点

　　龙眼是典型的南亚热带常绿果树，多年生，性喜温暖多雨、阳光充足，冬春季适当低温促花芽分化和形成，生长发育期间要求温度高、湿度大、日照长。适应各种土壤条件，一般定植3～5年开始结果，15年后进入盛果期，寿命可达百年以上。根系由主根、侧根、须根、根毛组成，龙眼属深根系果树，根系深度可达2米以上。大部分根系分布于20～80厘米的土层，水平分布可达树冠半径的3倍左右。根系生长要求土壤深厚、通气性好、有机质达1.5%以上、pH 5.5～6.0。

　　龙眼为常绿乔木，分枝多，周年都可抽新梢。一年中新梢抽生的次数，因树龄、树势、品种和外界条件而定，分春梢、夏梢、秋梢、冬梢，一般春秋梢各一次，夏梢1～2次，冬梢极少。新梢从老熟的枝梢顶芽、短截枝上的腋芽或不定芽抽生。夏梢生长壮旺，节间短，分支多，是秋梢母枝。夏梢数量和质量与来年开花挂果关系密切。通过合理的水肥管理促生足够数量的强健夏梢，意义重大。

荔枝、龙眼施肥方案的制定

荔枝、龙眼营养规律

一般认为荔枝、龙眼对养分的吸收有两个高峰期：一是2～3月抽发花穗和春梢期，气温逐渐回升，树体生长加快，对各种养分需求比较迫切，特别是氮，其次是磷；二是5～7月果实迅速生长期，树体对氮的吸收达到最高峰，对钾的需求也逐渐加剧，如果养分供应不足，易造成落花落果。开花期、果实生长期及果实采收后的养分回流期是土壤养分管理与施肥的关键期，而施肥不足或过量都会带来产量和品质的问题。氮是荔枝、龙眼营养管理中最重要的养分，叶片中氮浓度超过1.8%，则枝梢生长旺盛。

荔枝和龙眼都属于木本果树，具有贮藏营养的特点。即当年吸收的养分除了供当季的枝梢和果实生长外，剩余的养分先贮藏在树体内，供来年继续使用。由于这个特点，很难给出荔枝、龙眼的合理施肥量。即使施肥过量一点，这些养分只要被吸收，也可以供下年用。

荔枝、龙眼养分吸收规律

每生产100千克荔枝或者龙眼鲜果需从土壤中带走1.36～1.89千克氮（N）、0.32～0.49千克磷（P_2O_5）、2.08～2.52千克钾（K_2O）。产量增加，施肥量也相应增加。

施肥量多少受果园土壤肥力状况、品种、树龄、产量、树势、肥料性质及气候条件等因素的影响，很难有一个标准化的各地通用的施肥方案。总的要求是有机肥和化肥配合施用，大量元素肥料与中微量元素肥料结合，注意营养平衡。

在水肥一体化技术条件下，应更加关注肥料的比例、浓度，而非施肥总量。因为肥料是少量多次施用的。施肥是否充足，可以从枝梢质量、叶片外观做直观判断。如果发现肥料不足，可以随时增加肥料用量；如果发现肥料充足，也可随时停止施肥。

通常建议是"一梢三肥"，即在萌芽期、嫩梢期、梢老熟前各施一次肥。果实发育阶段多次施肥，一般10～15天一次。

荔枝、龙眼不同树龄施肥参考用量

树龄（年）	全年株施肥量（千克）			N：P_2O_5：K_2O
	N	P_2O_5	K_2O	
4～5	0.20	0.08	0.30	1.00：0.40：1.50
6～7	0.30	0.10	0.45	1.00：0.33：0.50
8～9	0.40	0.13	0.55	1.00：0.33：1.38
10～11	0.50	0.17	0.70	1.00：0.34：1.40
12～13	0.60	0.20	0.80	1.00：0.33：1.33
14～15	0.80	0.25	1.20	1.00：0.31：1.50
>15	1.00	0.30	1.40	1.00：0.30：1.40

不同时期施肥比例参考

施肥期	作用	氮肥（%）	磷肥（%）	钾肥（%）	施肥时间
花前肥	攻花	25	25	25	2月上旬至3月上旬
壮果肥	保果	15	25	25	5月上中旬
	壮果	15	25	25	6月上旬
采果前	攻梢	30	10	10	6月中旬至7月
采果后	壮梢	15	15	15	8月、9月

微量元素通过多次喷施叶面肥补充。冬季挖坑施用有机肥，成龄树每株施硫酸镁1.0千克，或者施用硫酸钾镁2.0千克。

在肥料选择上，可以选择液体配方肥、硝酸钾、氯化钾、尿素、磷酸一铵、硝基磷酸铵、水溶性复混肥作追肥施用。特别是液体肥料在灌溉系统中使用非常方便。

总的施肥建议

1. 氮肥、钾肥、镁肥可全部通过灌溉系统施用。
2. 磷肥主要用过磷酸钙或农用磷酸铵作冬肥施用。
3. 微量元素通过叶面肥补充。
4. 有机肥作基肥用。对于能沤腐烂的有机肥也可通过灌溉系统施用。

荔枝、龙眼灌溉计划的制定

在整个生长季节使根层土壤保持湿润就可满足树体对水分需要。特别是果实膨大期，土壤的含水量应该尽量保持一致，如果土壤含水量的波动太大，就容易造成严重的裂果现象。一般在果实采收前一个月左右停止灌溉。

如何判断土壤水分是否适宜？

用小铲挖开根层的土壤，抓些土用手捏，能捏成团轻抛不散开表明水分适宜。捏不成团散开表明土壤干燥。这种办法适用于沙壤土。

对壤土或黏壤土，抓些土用手搓，能搓成条表明水分适宜，搓不成条散开表明干旱，黏手表明水分过多。

含水量25%

含水量35%

土壤水分的监测

张力计可用于监测土壤水分状况并指导灌溉，是国外目前在田间应用较广泛的水分监测设备。

荔枝、龙眼为深根果树，但大部分根系在60厘米以上土层。故在土层中埋两支张力计，一支埋深60厘米，一支埋深30厘米。当30厘米的张力计读数达-15千帕时开始滴灌，滴到60厘米张力计读数回零为止。当用滴灌时，张力计埋在滴头的正下方。为防止滴灌管移位，需固定滴灌管道。土壤湿度保持在田间持水量的60%~80%为宜。对有经验的农户来讲，6~9月是灌溉高峰期，如果持续高温天晴，应该适当增加灌水频率和每次灌水量。

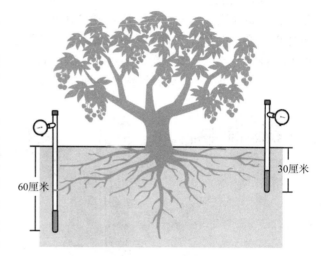

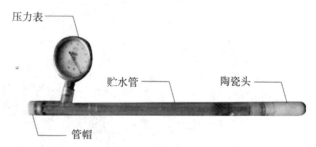

　　荔枝、龙眼根系主要分布在10～60厘米的土层中，其中10～30厘米根系分布最多，应用"灌溉深度监测仪"来指导灌溉更加方便可靠。将集水盘埋到根系分布的位置（60厘米深度），开始灌溉，当整个60厘米深度水分饱和后，部分水分进入集水盘，通过孔口进入最底端的集水管，将套管中的浮标浮起来，表明根层已灌足水，要停止灌溉。用注射器将集水管中的水抽干，浮标复位，等待指导下一次灌溉。此方法不受土壤质地及灌溉方式影响。设备经久耐用。如果采用滴灌，监测仪要埋在滴头正下方。

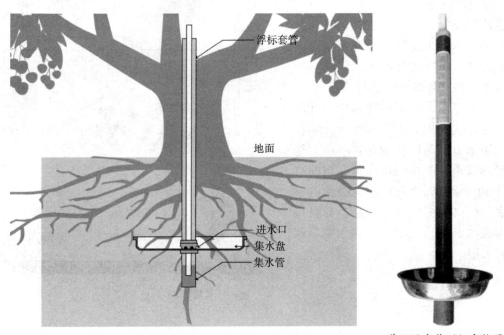

浮标套管

地面

进水口
集水盘
集水管

灌溉深度监测仪实物图

水分管理与裂果的关系

荔枝裂果   龙眼裂果

　　裂果在果实发育期经常发生。裂果多发生在前期干旱然后遇大雨或过量灌溉后。荔枝在果实发育的中后期，龙眼在果实成熟前容易裂果。荔枝糯米糍品种最容易裂果，可能与果皮较薄有关。果实发育期一般要灌溉施肥，如果土壤干旱，这时候淋灌水肥会大量裂果。沿海地区台风季节也会大量裂果。裂果发生的最主要的原因是土壤水分不均匀。保持果实发育期土壤的均匀湿度是防止裂果的关键措施。当采用滴灌或喷水带后，只要少量频繁灌溉，就很容易保证土壤的均匀湿度，从而减少或避免裂果。作者在多处的田间示范应用中都证明了这个基本道理。由于土壤始终处于湿润状态，果实对水分处于正常吸收状态，即使遇到大雨，也不会造成果实过量吸收水分而裂果。此外，注意氮、钾、钙养分的平衡，提高果皮的硬度也有利于减少裂果。

水肥一体化技术下的肥料选择

水肥一体化技术对肥料的基本要求

以不影响灌溉系统的正常工作为标准。如采用滴灌系统，施肥后半小时内过滤器堵塞，需要停泵清洗过滤器，则这种肥料可能影响了灌溉系统正常工作。如果2～3小时后需要清洗过滤器，则认为不影响灌溉系统正常运行。能量化的肥料指标有两个：

1. 水不溶物的含量
针对不同灌溉模式的不同要求，滴灌系统希望水不溶物含量尽量低。对喷水带灌溉而言，肥料含有一定杂质不会影响使用。

2. 溶解速度快慢
肥料溶解速度与搅拌、水温等有关。

易溶解、溶解快是用于灌溉系统肥料的基本要求。

适合用于灌溉施肥系统的肥料

氮肥：尿素、硝酸钾、硫酸铵、碳酸氢铵、硝酸铵钙、硝基磷酸铵。

磷肥：磷酸二铵和磷酸一铵（工业级）。

钾肥：氯化钾（白色粉状）、硝酸钾。

复混肥：水溶性复混肥。

镁肥：硫酸镁、硝酸镁。

钙肥：硝酸铵钙、硝酸钙。

沤腐后的有机液肥：鸡粪、人畜粪尿或者氨基酸、黄腐殖酸等。

微量元素肥：硫酸锌、硼砂或螯合态的微量元素。

提醒

要特别说明的是荔枝、龙眼都是喜氯果树，果农可放心施用氯化钾。硫酸钾也是好钾肥，但硫酸钾在灌溉系统中溶解性差，含钾量低，价格高，使用不便。而白色氯化钾溶解性好，含钾高，是灌溉系统中最好的钾肥。硝酸钾也是好钾肥，但含有氮，适合在果实发育期应用。

肥料的选择

液体肥是灌溉施肥的好肥料

红色氯化钾是钾矿直接粉碎加工的，含有氧化铁等杂质。这些杂质遇水是不溶的，会形成暗红色的凝胶，会快速堵塞过滤器，至少在滴灌系统不能用结晶状红色氯化钾。建议用白色粉状氯化钾，溶解快，无杂质。

颗粒复合肥含有黏结剂等杂质，一般不直接用于灌溉系统施肥。如果要用，必须经过过滤处理。经过过滤后，可以用于微喷灌及滴灌系统，不会造成系统堵塞。通常选用硝基复合肥，溶解快。

经20目和80目不锈钢网过滤，再经120目叠片过滤器，普通颗粒复合肥溶解后可用于滴灌系统。

有杂质的复合肥料先溶解后过滤，上清液用于滴灌，沉渣捞起作底肥。

　　各种有机肥（如鸡粪、花生麸、豆饼等）一定要经过沤腐将澄清液过滤后再进入滴灌系统。有试验表明，有机肥应用于滴灌系统要进行三级过滤，分别是20目、80目和120目。

沼液或沤腐烂有机肥用于滴灌系统

水肥一体化技术下荔枝、龙眼施肥应注意的问题

系统堵塞问题

如采用滴灌，过滤器是滴灌成败的关键，常用的过滤器为120目叠片过滤器。如果是取用含沙较多的井水或河水，在叠片过滤器之前还要安装砂石分离器。如果是有机物含量多的水源（如鱼塘水），建议加装介质过滤器。

在水源入口常用100目尼龙网或不锈钢网作初级过滤。过滤器要定期清洗。对于大面积的果园，建议安装自动反清洗过滤器。滴灌管尾端定期打开冲洗，一般1个月1次，确保尾端滴头不被阻塞。一般滴完肥后一定要滴清水20分钟左右（时间长短与轮灌区大小有关），将管道内的肥液淋洗掉。否则可能会在滴头处生长藻类青苔等低等植物，堵塞滴头。

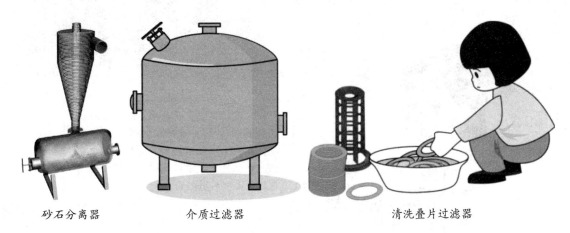

砂石分离器　　　　　　　介质过滤器　　　　　　　　清洗叠片过滤器

盐害问题

防止肥料烧伤叶片和根系。

通常控制肥料溶液的电导率（EC）值在
1~5毫西/厘米或肥料稀释200~1 000倍。也
可每立方米水中加入肥料1~5千克。

因不同的肥料盐分指数不同，最保险的
办法就是用不同的肥料浓度做试验，看会不
会烧叶。

哎呀，肥料浓度太高，烧根了！

常规的施肥主要是撒施颗粒肥料。这种施肥方式不能保证肥料的安全浓度，容易出现烧根问题。特别是集中施肥，烧根更多。常规施肥下，很多根系腐烂是由肥料引起的。

肥害的本质就是盐害。除一次性过多施肥可能带来的盐害外，土壤本身含有的盐分、灌溉水中溶解的盐分都会对荔枝、龙眼的生长产生抑制作用。手持电导率仪是测定肥料浓度、土壤盐分和灌溉水盐分的最好工具。盐分含量以电导率表示，单位为毫西/厘米（mS/cm），或微西/厘米（μS/cm），1毫西/厘米=1 000微西/厘米。

通常测定土壤饱和溶液的电导率（EC_e）作为土壤的盐分指标（或者湿润土壤），测定灌溉水的电导率（EC_w）作为灌溉水的盐分指标。在土壤湿润的条件下，用手持电导率仪插入根系区土壤，如果测定的电导率小于5毫西/厘米，那么土壤盐分对荔枝、龙眼根系生长无不良的影响。如果大于5.0毫西/厘米，表示根系受到一定程度的盐害胁迫。判断肥料浓度是否过高，测定肥料溶液电导率是最科学的做法。

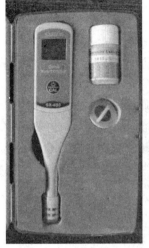

测量溶液盐分的电导率仪

直接插入土壤测定的电导率仪

过量灌溉问题

灌溉的深度是由根系分布的深度决定的。

如采用滴灌，成龄树在旱季每次滴灌时间控制在4～5小时（时间还与滴头流量有关，流量越小，灌溉时间越长）。雨季滴灌系统只用于施肥。这时要严格控制施肥时间，一般在30分钟内要将肥施完。否则会将肥料淋洗到根层以下，肥料不起作用，导致缺肥症状。

可以采用张力计监测土壤湿度。在田间30厘米和60厘米深度埋两支张力计。当30厘米张力计读数达−15千帕时开始滴灌，滴到60厘米张力计读数回零为止。一般在整个果实生长发育期和秋梢期，保持土壤水分处于湿润状态。进入晚秋花芽分化前，应减少甚至停止灌溉，以控梢促花。

张力计安装非常讲究技巧，如果陶瓷头与土壤不能充分接触，则无法监测水分变化。陶瓷头易损坏。

张力计监测土壤水分

养分平衡问题

荔枝、龙眼的生长需要氮、磷、钾、钙、镁、硫、铁、锰、铜、锌、硼、钼、氯的供应。这些养分要按适宜比例和浓度供应，这就是养分的平衡。荔枝、龙眼大部分种植在土壤贫瘠的丘陵山地，养分不平衡非常突出。

在山地果园，大部分养分都是缺乏的，平衡施肥尤其重要。当采用滴灌施肥时，滴头下根系生长密集、量大，非滴灌区根系很少生长，这时对土壤的养分供应依赖性减小，更多依赖于通过滴灌提供的养分。此时各养分的合理比例和浓度就显得尤其重要。建议施肥时将有机肥和化肥配合，大量元素和中微量元素配合施用。目前果园缺镁非常普遍，硫酸镁或硫酸钾镁肥成为果园必施的肥料。缺锌、缺硼也很普遍，建议在每次打农药时将含有锌、硼的叶面肥一起喷施。一些果园因为效益低，偏施尿素，会影响钾、钙、镁的吸收。

养分平衡是高产优质的关键

灌溉及施肥均匀度问题

不管采用何种灌溉模式，都要求灌溉均匀，保证田间每株果树得到的水量一致。灌溉均匀了，通过灌溉系统进行的施肥才是均匀的。在田间可以快速了解灌溉系统是否均匀供水。

以滴灌为例，在田间不同位置（如离水源最近和最远、管头与管尾、坡顶与坡底等位置）选择几个滴头，用容器收集一定时间的出水量，测量体积，折算为滴头流量。比较不同位置的出水量就知道灌溉是否均匀。也可以通过田间的长势来判断灌溉是否均匀。

灌溉不均匀主要发生在滴灌系统。主要是滴灌管不在工作压力下运行（如对普通滴灌，一般要求滴灌管的入口压力为8~10米高度的水压，但很多时候运行压力大于或小于这个范围，从而导致出水不均匀）。建议滴灌系统科学设计，定期监测滴灌管的入口压力，或采用压力补偿滴灌管。喷水带一般首端都安装有开关，可以根据压力大小灵活控制喷水带的条数。一般要求不同位置流量的差异小于10%。

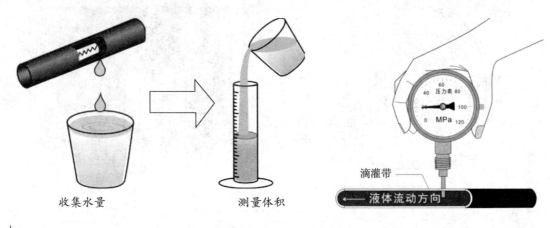

收集水量　　　　　　测量体积

滴灌带

液体流动方向

少量多次施肥和灌溉

　　荔枝、龙眼从开花前至秋梢老熟前都要施肥，对幼龄树只要气温合适全年都可以抽梢，每次抽梢都要配合施肥。在适宜的温度条件下，根系都在不间断地吸收养分。只是每个时期吸收的养分数量和比例存在差异。这是荔枝、龙眼基本的养分吸收规律。为了遵循根系不间断吸收养分的客观规律，必须要"少量多次"施肥。少量多次施肥是提高肥料利用率的关键做法。在有设施灌溉的情况下，施肥并不增加多少工作量。在实际施肥过程中，根据长势随时调整施肥时间和施肥量。如果长势旺盛，则适当减少施肥次数和施肥量；如果长势偏弱，则需要增加施肥次数和施肥量。土壤为壤土或黏壤土情况下，一般荔枝、龙眼整个生育期的水肥一体化施肥次数为10～15次，花前花后各一次，果实发育期5～6次，每趟梢施肥3次。如果土壤为沙壤土，施肥次数要更多。对于大型果园，建议采用自动化施肥系统，应用液体配方肥料，可以大大提高施肥效率。

施肥前后的管理

采用滴灌时，在旱季施肥，施肥时间越长越好。一般将灌溉时间的3/4用于施肥。开始灌溉时，等轮灌区的管道都充满水后开始施肥（根据轮灌区大小不同，充水时间也不同，从几分钟至十几分钟不等）。如滴灌时间为2小时，则施肥时间为1.5小时。滴完肥后，再滴15~20分钟清水，将管道中的肥液完全排出。否则可能会在滴头处生长藻类、青苔、微生物等，晒干后形成结痂，造成滴头堵塞。这种堵塞被称为生物堵塞。

灌溉水的硬度和酸碱度也是影响肥效的因素。如果灌溉水含钙、镁盐多，同时呈微碱性，则可能会与水溶肥中的磷酸根和硫酸根发生化学反应，形成磷酸钙盐和硫酸钙盐的沉淀，这些沉淀不被过滤器过滤，进入滴灌管，最后沉积于滴头处，堵塞滴头。如果灌溉水水质硬度大，呈微碱性，建议用酸性肥料，可以防止这种化学沉淀对滴头的堵塞。这种堵塞被称为化学堵塞。

注意：依靠过滤器无法解决生物堵塞和化学堵塞问题，必须按照科学管理进行解决。这是很多用户滴灌堵塞的主要原因。

经常观察叶片的大小、厚度、光泽，以及枝条的粗度。颜色浓绿、叶厚，叶大且有光泽的植株，枝条粗壮，表示营养充足，不需要施肥。否则考虑施肥。南方土壤普遍缺镁、缺锌、缺硼，石灰性土壤还缺铁、缺锰等，很多荔枝、龙眼园都能见到各种元素的缺素症状。施用镁肥、硼肥、锌肥已成为常规措施。建议参考荔枝、龙眼的一些典型缺素症照片，对照分析植株是否处于缺素状态。例如中下部成熟叶片叶脉间失绿是缺镁，新梢叶片颜色淡且小、叶脉间均匀失绿是缺铁，局部有规律失绿是缺锌。

　　经常检查是否有管道漏水、断管、裂管等现象，及时维护系统。

龙眼叶片缺镁的典型症状

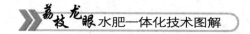

水肥一体化技术的核心问题

1. 安全浓度

肥料兑水施用，人为监控养分浓度，保证肥料不烧根、烧叶。

2. 合理用量

施肥原则是少量多次，既满足了作物不间断吸收养分的要求，又避免了一次过多施肥造成的烧根及肥料淋洗损失。可以根据长势随时增加或减少施肥量。水肥一体化技术最容易做到合理用量。由于水带肥到达根部，根系吸收更方便更容易，肥料利用率大幅度提高。

3. 养分平衡

作物需要多种营养，水肥一体化技术下更加强调养分的平衡和合理供应。很多品质表现与养分平衡有关。

对荔枝、龙眼而言，滴灌和微喷灌是最理想的灌溉模式，它们可以与多种施肥模式相结合，实现各种地形条件下的水肥一体化综合管理，大幅度节省劳动力。

图书在版编目（CIP）数据

荔枝龙眼水肥一体化技术图解 / 邓兰生，张承林编
著.—北京：中国农业出版社，2018.1（2020.1重印）
（水肥一体化技术图解系列丛书）
ISBN 978-7-109-23865-7

Ⅰ．①荔… Ⅱ．①邓…②张… Ⅲ．①荔枝－肥水管
理－图解②龙眼－肥水管理－图解 Ⅳ.①S667-64

中国版本图书馆CIP数据核字（2018）第012550号

中国农业出版社出版
（北京市朝阳区麦子店街18号楼）
（邮政编码 100125）
责任编辑 魏兆猛

中农印务有限公司印刷 新华书店北京发行所发行
2018年1月第1版 2020年1月北京第2次印刷

开本：787mm×1092mm 1/24 印张：3
字数：60千字
定价：15.00元
（凡本版图书出现印刷、装订错误，请向出版社发行部调换）